# BEI GRIN MACHT SICH IHR WISSEN BEZAHLT

- Wir veröffentlichen Ihre Hausarbeit, Bachelor- und Masterarbeit

- Ihr eigenes eBook und Buch - weltweit in allen wichtigen Shops

- Verdienen Sie an jedem Verkauf

Jetzt bei www.GRIN.com hochladen und kostenlos publizieren

Max Keller

# Gewinnung von Erdöl aus bisher nicht wirtschaftlich nutzbaren Vorkommen und die daraus folgenden ökologischen Probleme

## Am Fallbeispiel von Alberta – Kanada

GRIN Verlag

**Bibliografische Information der Deutschen Nationalbibliothek:**

Die Deutsche Bibliothek verzeichnet diese Publikation in der Deutschen National-
bibliografie; detaillierte bibliografische Daten sind im Internet über http://dnb.d-
nb.de/ abrufbar.



**Impressum:**

Copyright © 2012 GRIN Verlag GmbH
Druck und Bindung: Books on Demand GmbH, Norderstedt Germany
ISBN: 978-3-656-34192-5

**Dieses Buch bei GRIN:**

http://www.grin.com/de/e-book/206635/gewinnung-von-erdoel-aus-bisher-nicht-
wirtschaftlich-nutzbaren-vorkommen

Katholische Universität Eichstätt-Ingolstadt

S1-P Mensch-Umwelt-Konflikte

Wintersemester 2012

# Gewinnung von Erdöl aus bisher nicht wirtschaftlich nutzbaren Vorkommen und die daraus folgenden ökologischen Probleme

## am Fallbeispiel von Alberta – Kanada

Max Keller

5. Fachsemester

# Inhalt

<u>Abbildungsverzeichnis</u>

Abbildung 1: EVSROLL.COM, Verlauf des Ölpreises, 2012, online unter: http://www.evsroll.com/images/Historic-Oil-Price-Graph.gif (Stand: 28. Oktober 2012)

Abbildung 2: BABIES, Hans-Georg, In-place Schieferölressourcen (insgesamt 413 Gt) nach Ländern (%),Energierohstoffe 2009 – Reserven, Ressourcen, Verfügbarkeit, Bundesanstalt für Geowissenschaften und Ressourcen, Hannover, 10. November 2009

Abbildung 3: OILSAND.ALBERTA.CA, Ölsandvorkommen in Alberta, November 2011, online unter: http://oilsands.alberta.ca/images/Alberta_Map_with_Legend_Nov_2011.JPG (Stand: 28. Oktober 2012)

# 1. <u>Einleitung – Erdöl als ein Grundpfeiler der Wirtschaft</u>

Erdöl dient seit dem Ende des 19. Jahrhunderts als Grundlage für unseren Verkehr, für die Energieversorgung und zur Herstellung von Konsumgütern. Es ist nur teilweise durch andere Rohstoffe ersetzbar und daher unabkömmlich.

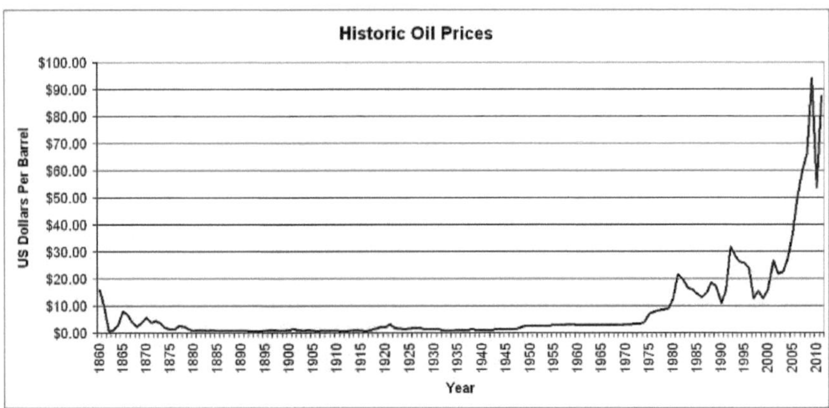


Abbildung 1: Verlauf des Ölpreises, Quelle: EVSROLL.COM, 2012

Wie der Abbildung 1 zu entnehmen ist, steigt der Erdölpreis unaufhaltsam. Im Jahr 1970 lag der Preis für ein Barrel Erdöl noch bei unter 5 US-Dollar. In den Folgejahren wurde durch die modernen Explorationsverfahren deutlich, dass Erdöl nur begrenzt vorhanden ist und den stetig steigenden Bedarf langfristig nicht mehr decken kann. Heute liegt der Erdölpreis bei über 86 US-Dollar, was einer Steigung um über 1700 Prozent zum Jahr 1970 entspricht (vgl. Finanzen.net, 2012).

Neuexplorierte Vorkommen sind meist nur schwer zugänglich und deren Abbau sehr kostspielig. Mit dem steigenden Ölpreis wird die Förderung jedoch auch in diesen Gebieten lukrativ. Für diese Regionen wird der künftige Abbau eine neue ökologische Belastung darstellen, welche im Zuge dieser Arbeit genauer betrachtet werden soll.

## 2.  <u>Verfügbarkeit von Erdölvorkommen</u>

Erdöl kann nach seiner Rentabilität in konventionelles und unkonventionelles Erdöl unterschieden werden. Konventionelles Erdöl ist leicht zu fördern, da die entsprechenden Schichten sich nah an der Oberfläche befinden und nur in geringem Umfang verunreinigt sind. Daher ist der Aufwand der Aufbereitung sehr gering. Der wichtigste Unterschied liegt aber in der geringen Viskosität von konventionellem Erdöl, dies macht das Erdöl viel fließfähiger und daher leicht förderungsfähig. Im Jahr 2007 lag der Anteil der Förderung von konventionellem Erdöl im Gegensatz zu unkonventionellem Erdöl bei 95% (vgl. Peter Tobler, 2007).

Unkonventionelles Erdöl ist nur aufwendig abbaubar, weil es sich in tieferen Schichten befindet oder nicht in reiner Form vorhanden und daher erst in energieintensiven Prozessen aufbereitet werden muss.

Welche Ölvorkommen erschlossen und gefördert werden, hängt von der Qualität des Erdöls ab. Diese lässt sich durch die Dichte, die Viskosität, den Schwefelgehalt und den Anteil an schwerflüchtigen Bestandteilen ermitteln. Dabei gilt, je höher diese Werte sind, desto schlechter ist die Qualität des Erdöls und desto höher sind seine Kosten in der Aufbereitung (vgl. Brian Horsfield et. al., 2011).

In den nächsten Abschnitten sollen die verschiedenen Erdölvorkommen nach ihrer Herkunft unterschieden und in ihrem Auftreten dargestellt werden. Da die ökologischen Auswirkungen der bisher ungenutzten Vorkommen erläutert werden, beschränkt sich auch meine Auswahl der Vorkommen auf die unkonventionellen, da diese die Zukunft der Ölgewinnung darstellen.

Dabei soll nur ein kurzer Überblick über die Eigenschaften der verschiedenen Öle gegeben werden; die Förderungsverfahren oder Extraktionsprozesse werden nicht im Detail erläutert, da der Fokus der Arbeit auf den ökologischen Folgen liegt.

## 2.1    Tiefseeöl, Öl aus Schelfbereichen & polares Öl

Die Abtrennung der Begriffe Tiefseeöl, das Öl aus den Schelfbereichen und dem polaren Öl ist schwierig. Oft gehen sie miteinander einher. So befindet sich ein Großteil des polaren Öls (zum Beispiel nördlich von Sibirien) in Schelfregionen und auch polares Öl liegt oft in großer Meerestiefe und befindet sich daher im Tiefstwasserbereich (Tiefseeöl).

Tiefseeöl und polares Öl gehören in manchen Definitionen von unkonventionellem Erdöl nicht dazu, da sie in fast reiner Form abbaubar sind und als materielle Basis konventionelles Erdöl aufweisen. Aufgrund der Tatsache das ihr Abbaugebiet sich aber nicht auf geologisch einfach abbaubaren Boden befindet und sich daher die Förderung sehr kostenintensiv gestaltet, werden sie fortlaufend zum unkonventionellen Erdöl gezählt.

Die Ölreserven auf dem Festland (Onshore-Förderung) haben ihr Maximum schon erreicht, deshalb werden neue Gebiete, vorallem unter dem Meeresboden exploriert. Eine Möglichkeit ist daher die Offshore-Förderung. Bei der Offshore-Förderung wird von Bohrplattformen aus durch das Richtbohren eine große Fläche unter dem Meeresboden angezapft. Dabei kann die Bohrmeißel gebogen werden und somit nicht nur unter der Fläche der Plattform sondern auch unter den umliegenden Flächen Erdöl gefördert werden (vgl. Peter Bölke, 2006).

Die bisher typische Off-Shore Quelle war das Öl aus Schelfbereichen, also der Teil des Meeres der sich noch über den Kontinentalplatten befindet und daher nur eine maximale Tiefe von 200m aufweist. In diesen Regionen befinden sich große Sedimentbecken, in denen vermehrt Erdöl auftritt. Allein im Gebiet des Nordost-Atlantik befanden sich 2008 431 Öl- oder Gasplattformen und davon die meisten speziell in der Nordsee (vgl. Jörg Feddern, 2011).

Das Öl aus den Schelfbereichen ist schon zu großen Teilen abgebaut, daher richtet sich die Aufmerksamkeit jetzt auch an die Vorkommen an den Kontinentalrändern der Weltmeere im Tiefstwasserbereich von über 1500m Tiefe (vgl. Piepjohn, 2012).

Große Ölvorkommen werden auch in polaren Regionen vermutet, waren bisher aber weitgehend unerforscht. Man vermutet, dass ein Viertel der Erdöl- und Erdgasvorkommen sich in der Arktis befinden. Regionen in denen polares Öl gefördert wird und/oder Explorationsvorhaben gestartet wurden sind Russland, Grönland, Kanada und Alaska (vgl.

Greenpeace, 2012). Der zweitgrößte Ölkonzern Shell mit einem jährlichen Gewinn von 31,9 Mrd. US-Dollar (vgl. Le Monde diplomatique, 2010) konnte seine sukzessiv sinkende Produktion von Erdöl durch die Nutzung polarer Vorkommen von 2011 zu 2012 um 30% steigern, was zeigt, welches enorme Potential in der Arktis steckt (vgl. Greenpeace, 2012).

## 2.2   Ölschiefer

Im Gegensatz zum Tiefseeöl und dem polaren Öl sind die folgenden Ölvorkommen stark verunreinigt und bilden den Kern des unkonventionellen Erdöls.

Das im Ölschiefer enthaltene organische Material nennt man Kerogen. Es zeichnet sich durch einen hohen Anteil an Sauerstoffverbindungen aus. Ölschiefer ist von seiner geologischen Entstehung her jünger als Erdöl und daher ein unreines Erdölmuttergestein (vgl. BGR, 2009).

Durch thermische Prozesse ist es möglich das organische Material aus dem Gestein zu extrahieren und daraus Kraftstoff herzustellen. Dieses Verfahren ist sehr aufwenig und war in den letzten 160 Jahren der Förderung nur aufgrund von finanzieller Unterstützung möglich (vgl. Porath, 1999).

Unter allen unkonventionellen Erdölen ist er der Rohstoff der am meisten Energie benötigt um daraus einen nutzbaren Kraftstoff zu gewinnen. Viel der Schieferölförderung der Zukunft hängt von der Entwicklung der Technik ab, da das Verfahren aufwandsintensiv ist.

Mit zunehmenden Ölpreis wird der Abbau von Ölschiefer steigen. Derzeit liegt das weltweite Gesamtpotential von Schieferöl auf 413 Gt geschätzt. Diese  Menge verteilt sich auf 40 Länder, wobei der Großteil der Vorkommen sich in den USA befindet (73% des gesamten Schieferölpotentials). Weitere größere Schieferöllagerstätten befinden sich in Russland, Brasilien, Kongo, Italien (zusammen 19%), siehe Abbildung 2 (vgl. Babies et al., 2009).

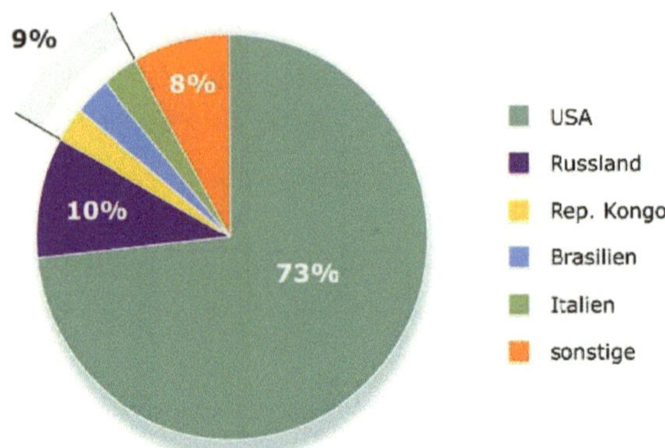


Abb. 2: In-place Schieferölressourcen (insgesamt 413 Gt) nach Ländern (%), Quelle: BGR, 2009

Vorallem an der Küste Brasiliens sind werden noch gigantische Ölvorkommen vermutet, welche bisher aber noch nicht hinreichend exploriert wurden. Der größte Teil gehört der Irati-Formation an, welche sich in der Region von São Paulo, Paraná, Santa Catarina, Rio Grande do Sul, Mato Grosso do Sul und Goiás befindet. Die Bedeutung der Ölschiefer in Brasilien nimmt seit den letzten Jahren stark zu.

## 2.3 Ölsande

### 2.3.1 Grundlagen

Ölsande, auch Teersande genannt, sind ein hochviskoses Erdöl, welches an Sandstein gebunden ist. Es enthält ca. 12% Bitumen und die weiteren Bestandteile Wasser, Sand und Ton. Die feinen Sandkörner sind von einer filmartigen Wasserschicht umgeben, welche widerum von einer Ölschicht ummantelt ist. Das aus dem Ölsand extrahierte Bitumen nennt man synthetisches Rohöl (Synthetic Crude Oil, SCO).

Momentan sind ca. 600 einzelne Ölsandvorkommen bekannt, welche sich auf 20 Nationen verteilen (vgl. World Energy Council, 2007).

Das Gesamtpotential wird auf 462 Gt geschätzt. Hier ist bemerkenswert, dass davon schon 98% auf Kanada und die GUS fallen. Die bekanntesten Ölsandvorkommen liegen in Kanada. Allein der Bundesstaat Alberta besitzt 27,5 Gt Ölsand, was von der Menge her 17% der konventionellen Erdölreserven entspricht. Später möchte ich deshalb auf das Fallbeispiel Alberta noch genauer eingehen (vgl. Babies et al., 2009).

Man unterscheidet bei der Teersandproduktion zwischen zwei grundlegend verschiedenen Verfahren: ex-situ und in-situ. Die Unterscheidung zu kennen ist notwendig, da beide Verfahren au verschiedene Auswirkungen auf die Umwelt haben.

### 2.3.2 Ex-Situ Verfahren

Beim ex-situ Verfahren wird der Teersand im Tagebau, also oberirdisch abgebaut. Dies funktioniert nur, wenn die entsprechend ölhaltigen Schichten sich oberflächennah (bis zu 75m Tiefe) befinden.

Durch schichtweise Abtragung von zunächst der Deckschicht und folgend den Ölsandschichten kann dan benötigte Material gefördert werden. Dabei kommen mächtige Löffelbagger und LKWs mit einer Belastung von bis zu 400 Tonnen zum Einsatz. Der Ölsand wird nach der Abtragung durch Pipelines zur Aufbereitungsanlage transportiert. Mit Hilfe großer Wassermengen und zufuhr von Energie wird der Teersand gewaschen und danach unter Zunahme von Lösungsmitteln zu Bitumen und Abwasser getrennt. Der entstehende Restsand wird wieder in den Tagebau zurückgeführt, das Abwasser mit einem Restölanteil in Auffangbecke gelagert und teilweise für weitere Produktionsprozesse wiederverwendet.

Beim Tagebauverfahren wird durch den oberflächennahen Abbau nur verhältnismäßig wenig Energie benötigt und aus dem Teersand kann ca. 90% Öl entnommen werden, der Rest verbleibt im Abwassergemisch und wäre nur schwer von dort lösbar (vgl. Björn Pieprzyk et al., 2009).

### 2.3.3 In-Situ Verfahren

Das In-Situ Verfahren wird für die Förderung von Ölsanden ab einer Tiefe von 75m verwendet. 90% der Ölsande befinden sich tiefer als 75m , daher steht in der Forschung und Entwicklung die Optimierung der In-Situ Verfahren im Vordergrund.

Es werden verschiedene Bohrverfahren unterschieden, je nachdem ob vorrangig mit Thermik oder mit chemisch-physikalischen Methoden gearbeitet wird.

Unter den thermischen In-Situ Verfahren findet die häufigste Anwendung das CSS Verfahren (Cyclic Steam Stimulation). Hierbei wird in Bohrrohren Wasserdampf mit einer Temperatur von 300°C eingeführt. Die erhöhte Temperatur führt zum einen zur Verringerung der Viskosität des Bitumens und macht den Teersand fließfähiger. Zum anderen lässt der hohe Druck von bis zu 11.000 Kilopascal Gesteinsschichten zerbrechen und setzt weiteres Bitumen frei, welches dann durch das Bohrrohr nach oben gepumpt wird (vgl. Babies et al., 2009).

Weitere thermische Verfahren sind zum einen das SAGD Verfahren (Steam Assisted Gravity Drainage) bei dem zwei horizontale Bohrrohre eingeführt werden und durch den Wasserdampf des eines Rohres, das Bitumen aufgrund seines höheren Gewichts in das andere Rohr fließt. Zum anderen das THAI Verfahren (Toe-to-Heel-Air-Injection) wo die erhöhte Temperatur durch das Abbrennen von Teersand erzeugt wird.

Im Gegensatz zu den thermischen Verfahren werden bei den chemisch-physikalischen Verfahren Lösungsmittel anstatt von heißem Dampf eingesetzt (Vapex Verfahren) oder der Ölsand wird komplett gefördert und erst oberirdisch zwischen Bitumen und Sand unterschieden (CHOPS Verfahren).

Der Entölungsgrad ist bei den meisten In-Situ verfahren viel geringer als beim Tagebau, da nur bis zu 40% des Öls gefördert werden kann. Weiteres ist der Wasserverbrauch enorm hoch, vorallem beim CSS Verfahren (vgl. Björn Pieprzyk et al., 2009).

Für 2017 ist eine Gesamtförderung von 187 Mt Bitumen geplant, wovon 102 Mt im ex-situ und 85 Mt im in-situ Verfahren abbgebaut werden sollen (vgl. ERCB, 2008).


## 2.4  Öl aus Kohle

Wie auch Ölschiefer und die Ölsande kann Kohle im Bergbau gefördert werden. Dabei besteht die Möglichkeit neben der herkömmlichen Nutzung von Kohle als Kraftstoff die Verarbeitung zu Öl. Man spricht dabei von einem CTL-Verfahren (Coal to Liquid). Zwar kann durch die Verbennung von Kohle elektrische Energie hergestellt werden, trotzdem werden für viele Fahrzeuge wie Autos, Flugzeuge und Schiffe weiterhin Benzin benötigt. Daher spielt die Umwandlung von Kohle zu Öl einer immer größere Rolle, da die Kohle Vorkommen im Gegensatz zum Erdöl noch für mindestens über 200 Jahre reichen (vgl. Lars Fischer, 2009).

Verscheidenste Möglichkeiten der chemischen Umwandlung sind bekannt, die aktuell verbreitetste ist die Direktverflüssigung (z.B. das Bergius-Pier-Verfahren), welche besonders in China praktiziert wird. Bei der Direktverflüssigung wird Kohle unter hohem Druck und Katalysatoren zu Kraftoff hydriert (vgl. Behrendt, F. et al., 2006).

Neben China wird auch in Südafrika viel Öl durch die CTL-Technologie gefördert; die derzeitige Produktion beträgt 150.000 Barrel/Tag (vgl. Babies et al., 2009).

## 2.5   Schwerstöl

Schwerstöl ist dem Ölsanden sehr ähnlich. Es hat die gleiche Dichte (1,0 g/cm³), jedoch ist die Viskosität von Schwerstöl geringer und daher fließfähiger.

Venezuela produziert mit Abstand das meiste Schwerstöl, mit 220 Millionen Barrel pro Jahr. Der Anteil der Ressourcen und Reserven Venezuelas liegt bei 97% der weltweiten Schwerstölvorkommen, zudem kommt begünstigend hinzu, dass die Temperatur in den Sedimentbecken bei 50° C liegt und das Schwerstöl flüssiger macht.

Weiterhin wird Schwerstöl in Großbritannien und Aserbaidschan in großen Mengen gefördert (zusammen 49% der Weltgesamtförderung), ihre vorhandenen Ressourcen sind jedoch keineswegs mit denen Venezuelas vergleichbar (vgl. Babies et al., 2009).

## 3. Ökologische Auswirkungen am Fallbeispiel der Ölsande von Alberta

Es ist schwierig die genauen ökologischen Auswirkungen für jene Regionen vorherzusagen, in denen Erdöl vorhanden, aber noch nicht gefördert wird. Dennoch lassen sich Aussagen treffen, da Vergleiche mit Regionen getroffen werden können, in denen schon Erdöl gefördert wird und negative Auswirkungen auf das Ökosystem nachgewiesen werden konnten.

Aufgrund der Vielseitigkeit des Themas ist es notwendig mit Beispielen theoretische Prozesse deutlich zu machen. Daher wird im Folgenden das Beispiel der Ölsande in Alberta genauer aufgezeigt und wie der dortige Abbau der Teersande Auswirkungen auf die Umwelt hat.

Die Ölsande in Alberta sind die weltweit größten und bekanntesten Vorkommen. Sie nehmen eine Fläche von über 140.000 km² ein, welche sich auf die Regionen Athabasca, Peace River und Cold Lake verteilt, wie in Abbildung 3 ersichtlich wird. Seit 1967 wird in Alberta Öl gefördert, zunächst noch mit staatlicher Unterstützung, da die Extraktion der Sande noch nicht hinreichend erforscht und der Ölpreis zu niedrig war.

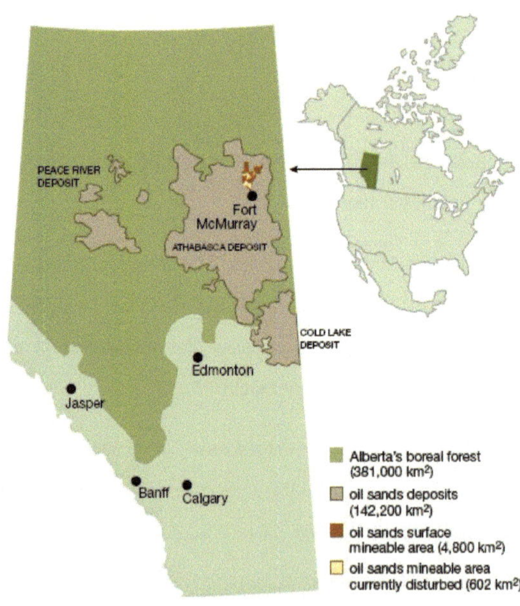


Abbildung 3: Ölsandvorkommen in Alberta, OILSAND.ALBERTA.CA, 2012

Das Gesamtvolumen der Ölsande in Alberta wird auf ca. 272 Gt geschätzt, wovon nur 6% (16,32 Gt) im ex-situ Verfahren, also im Tagebau gefördert werden können. Der Rest liegt in Sedimentbecken die nur durch Bohrungen (in-situ) erreicht werden können (vgl. ERCB, 2008).

Von 2000 bis 2007 konnte die Bitumenproduktion von 39 auf 77 Mt pro Jahr steigern, Tendenz steigend (vgl. Babies et al., 2009).

Die Produktion des wertvollen Rohstoffes hinterlässt aber auch seine Spuren in der Umwelt, egal ob im ex-situ oder in-situ Verfahren.


## 3.1 Luft

Die erste unmittelbare Auswirkung auf die Umwelt durch die Bitumenproduktion ist der Ausstoß von Treibhausgasen. Die Abbau- und die Verarbeitungsprozesse (Extraktion und Reinigung) von Teersand benötigen einen hohen Einsatz von Energie, mehr als bei konventionellem Erdölabbau benötigt wird (vgl. Peter Tobler, 2007).

Diese Energie wird durch den Einsatz von Erdgas erzeugt. Schätzungen für das 2012 besagen, dass die Ölsandindustrie Kanadas genauso viel Erdgas benötigt, wie alle privaten Haushalte der Nation. Neben den enormen Mengen an Emissionen die dabei ausgestoßen werden (ca. 40 Millionen Tonnen im Jahr 2007) ist eine gute Infrastruktur von Pipelines notwendig. Diese verlaufen teilweise durch Naturschutzgebiete wie das Mackenzie Tal  (vgl. Canadian National Energy Board, 2007).

Die Treibhausgase haben einen direkten Einfluss auf die globale Erwärmung, auf welche ich aber nicht weiter eingehen möchte.

Abgesehen von den Treibhausgasemissionen werden auch Schadstoffe wie Schwefeloxide und Stickstoffoxide emittiert. Vom kanadischen Umweltministerium wurde geschätzt, dass jährlich 76.000 t Stickstoffoxide und 158.000 t Schwefeloxide bei der Teersandproduktion freigesetzt werden (vgl. Wilderness Committee, 2008).

Die Oxidationsprodukte von Schwefeldioxid führen zu „saurem Regen". In einem Ort des Bundesstaates Saskatchewan (200km vom Abbaugebiet entfernt) konnte trotz der Entfernung Niederschlag mit einem pH-Wert von 4,1 gemessen werden. Zwölf Jahre zuvor betrug der Niederschlag noch 5,3. Aufgrund umfassender Forschungsarbeiten konnte festgestellt werden, dass der „saure Regen" einen direkten Zusammenhang mit der Teersandproduktion steht (vgl. Maqsood et al., 2008).

Der saure Regen verstärkt die Versauerung des Bodens, was langfristig zum Pflanzensterben führt. Auch das Waldsterben wird meist durch den sauren Regen verursacht, da giftige Schwermetallionen durch die Versauerung des Bodens freigesetzt werden. Dabei stirbt das Feinwurzelwerk des Baumes ab und er wird schwächer, sprich er ist anfälliger für äußere Belastungen und wird letztendlich sterben.

## 3.2   <u>Wasser</u>

Für die Produktion von Erdöl wird eine Menge Wasser benötigt. Vor allem bei der Extraktion des Teersandes zu Bitumen ist Wasser unabdinglich. In Alberta kann dieses Wasser aus dem Athabasca Fluss bezogen werden, dies entspricht zwei Drittel der gesamten Wasserentnahme des Flusses. Die Ölfirmen haben rechtlichen Zugriff auf 550 Mio. m³ Wasser des Athabascabeckens jährlich. Dies ist die gleiche Menge die eine drei Millionen Einwohner Stadt jährlich benötigt (vgl. Holroyd et al., 2009).

Für die Flüsse der Region bedeutet die enorme Wassernutzung vor allem im Sommer einen deutlich niedrigen Pegel. Dies führt zu sinkenden Fischpopulationen.

Die Unterschiedlichen Verfahren zur Förderung des Bitumens haben auch unterschiedliche Auswirkungen auf den Wasserhaushalt. Im Tagebau-Verfahren kommt durch die Abholzung zu einem gravierenden Eingriff in das Ökosystem. Durch den fehlenden Anteil von Wald und Feuchtgebieten kann es stärker zu Erosion und Überflutungen kommen. Desweiteren gibt es bisher keine Möglichkeit Torfmoore wiederherzustellen, welche durch die Teersandproduktion zerstört werden.

Für die Produktion im Tagebauverfahren werden ca. 2 bis 4,5 Barrel Wasser benötigt um ein Barrel Öl zu beziehen. Das Abpumpen von einem Barrel Öl wiederum erzeugt 650l schädliches Abwasser, welches in Absetzanlagen fließt. Geplant ist, dass das Abwasser dort für einen langen Zeitraum verbleiben soll, bisher ist aber noch nicht hinreichend erforscht welche Auswirkungen Absetzanlagen auf das Ökosystem haben (vgl. Holroyd et al., 2009).

Die Absetzbecken haben eine Fläche von mehr als 130 km², mehr als zweimal so groß wie der Chiemsee. Schätzungsweise 11 Millionen Liter des Abwassers sickern täglich in das Grundwasser und in die umliegenden Flüsse (vgl. von Lieven, Christoph, 2010).

Im in-situ Verfahren wird das benötigte Wasser größtenteils aus dem Grundwasser bezogen. Das Wasser muss für seine Verwendung als Wasserdampf erst von Salz getrennt werden. Das Salz und restliche Abwasser wird in Brunnen oder Deponien gelagert, wobei immer das Risiko besteht, dass Salz in umliegende Grundwasserschichten eintritt (vgl. Holroyd et al., 2009).

Weiterhin entsteht beim In-Situ Verfahren Bohrschlamm. Dieser besteht aus Chemikalien wie Schmiermitteln, Schwermetallen und verschiedenen Flüssigkeiten zum Kühlen, Säubern und Schmieren des Bohrgestänges und der Kontrolle des Bohrdrucks. Zwar werden Bohrschlämme oft wiederbenutzt, das Bohrgestein was mit den Bohrschwämmen infiltriert wurde jedoch wird oftmals ins Meer gekippt oder auf Land deponiert. Ab 1996 gilt das Zehn-Gramm-Limit, welche aussagt, dass nur noch zehn Gramm Öl pro Kilo Schlamm enthalten sein dürfen. Daraufhin wurde Bohrschlamm aufgrund einer Wasserbasis entwickelt, welche jedoch immer noch Mengen an Kohlenwasserstoffen und anderen giftigen Chemikalien enthalten (vgl. Leitner et al., 2003).

## 3.3   Flora

Die wohl größte Auswirkung der Teersandproduktion in der Pflanzenwelt hat die Abholzung des borealen Nadelwaldes. Er bedeckt fast komplett das ganze Gebiet, welches von Ölsand überdeckt ist. Vor allem im ex-situ Verfahren muss der ganze Nadelwald abgeholzt werden.

Der boreale Nadelwald Albertas ist eines der großen Kohlenstoffspeicher der Welt und das Zuhause vieler Lebewesen. In den für den Abbau vorgesehenen Bereichen des Nadelwaldes sind ca. 8,72 Mrd. Tonnen $CO^2$ gespeichert, der sich durch die Abholzung freisetzen kann (vgl. Von Lieven, C., 2010).

Desweiteren wird ein Großteil der Landschaft auch durch die wachsende Infrastruktur zerstört. Fort McMurray ist das Zentrum der Teersandproduktion, mit einer Einwohnerzahl von

65.000 Einwohnern. Die Einwohnerzahl hat sich damit in den letzten Jahren fast verdoppelt. Viele Arbeiter ziehen in die Stadt um für sehr viel Geld in der Ölsandindustrie zu arbeiten. Die wachsende Einwohnerzahl bedeutet auch einen enormen Eingriff in die Natur, da die Bebauung enorm zunimmt.

## 3.4  Lebewesen

Wie in Kapitel 4.3 schon angesprochen muss für die Teersandproduktion ein großer Teil des borealen Nadelwaldes abgeholzt werden. Der Nadelwald ist nicht nur allein ein gigantischer Kohlenstoffspeicher, sondern auch das Habitat vieler Lebewesen.

Ein Beispiel dafür ist das kanadische Karibu, inzwischen vom Aussterben bedroht, welches in den kanadischen Waldflächen Zuhause ist.  Sein Bestand hat sich durch die Teersandproduktion im Zeitraum zwischen 1998 und 2008 um 50% verringert. (Athabasca Landscape Team, 2008) Sollten durch politische Bestimmungen keine Maßnahmen zum Schutz des borealen Nadelwaldes getroffen werden, wird das Karibu im Zuge des weiteren Abbaus vollständig aussterben (vgl. Scheider et al., 2006).

Auch andere Lebewesen sind von der Teersandproduktion negativ betroffen. Marder, Vögel und Luchse verlieren ihren Lebensraum. Bestimmte Vogelarten haben 80% ihrer Gesamtpopulation verloren und  weiteren Vogelarten, wie dem Grünwaldsänger wird es in den kommenden Jahren ähnlich ergehen (vgl. Wilderness Comittee, 2008) Schätzungen zufolge brüten jährlich zwischen 20 und 170 Millionen Vögel im Nadelwald (vgl. Wells, J., 2008).

Ein Lichtblick für den borealen Nadelwald und seine Lebewesen liegt im in-situ Verfahren. Da die meisten teersandhaltigen Schichten unterhalb von 75m liegen, kann in Zukunft nur ein geringer Teil im Tagebau gefördert werden. Der Rest muss im in-situ Verfahren durch Bohrungen gefördert werden. Im in-situ Verfahren muss bei weitem weniger Wald abgeschlagen werden als im ex-situ Verfahren. Dennoch benötigen beide Verfahren ein flächendeckendes Netz von Pipelines (wie in Kapitel 4.1 angesprochen) um die Produktionsstätten mit Erdgas zu versorgen.

Viele Vögel sterben auch durch die giftigen Absatzbecken. In ihnen befindet sich noch ein Anteil des Restöls, welcher sich an der Wasseroberfläche absetzt. Die Vögel verwechseln die Absetzbecken dann mit normalen Seen und verenden.

Die Teersandproduktion hat auch direkte Auswirkungen auf die Gesundheit des Menschen. Die die durch die Teersandproduktion entstehenden giftigen Abwasser enthalten neben Cadmium, Arsen auch krebserregende Kohlenwasserstoffe und das Nervengift Quecksilber (vgl. Von Lieven, Christoph, 2010).

Diese Stoffe führen zu einer Erhöhung von Schilddrüsenproblemen, Immunkrankheiten und seltenen Krebsarten in der Region. Bei Befragungen der einheimischen Bevölkerung sind diese Symptome dieser Krankheiten oft genannt worden. Ein Auszug aus einem Interview mit John Piche vom 31. Mai 2007 zeigt diesen Sachenverhalt auf: "I know now it's affecting me, I feel tired, Water from the tap tastes different, it's a lot smoother, tastes better, but this water [the river], I lose all my strength" (vgl. Timoney, K., 2007). Festgestellt wurden diese Krankheiten vor allem bei der Bevölkerung der Stadt Fort Chipewyan und den Cree-Indianern in der Umgebung. Untersuchungen zu Folge kommen die Krankheiten von den hohen Konzentrationen oben genannter Stoffe im Fischfleisch. Im Mündungsdelta des Athabasca River lagern sich viele Giftstoffe ab, da der Fluss an Geschwindigkeit verliert und flacher wird. An dieser Stelle liegt auch das Fischfanggebiet der Indianer (vgl. Von Lieven, Christoph, 2010).


## 4. Risikobegrenzung – „saubere Erdölgewinnung"

In diesem Kapitelabschnitt sollen keine Alternativen zu Erdöl, sondern Möglichkeiten inwiefern die Ölproduktion ökologischer gestaltet werden kann, dargestellt werden. Erdölgewinnung wird in allen Formen immer umweltschädigend sein, trotz moderner Verfahren. Die Möglichkeit Strom durch regenerative Energien wie Wind-, Wasser, Solar oder Biowärmeenergie zu erzeugen sollte im Vordergrund der politischen Entscheidungen stehen. In diesem Falle besteht die Möglichkeit auf Heizstoffe wie Öl oder Kohle zu verzichten und auf umweltschonende Verfahren der Energieerzeugung zurückzugreifen.

Für die Herstellung von Konsumgütern und als Kraftstoff für Autos, Flugzeuge oder Schiffe ist Öl jedoch zum jetzigen Zeitpunkt unerlässlich und nur sehr schwer bis gar nicht durch andere Stoff zu ersetzen, was die Notwendigkeit der Ölförderung rechtfertigen kann.

Dennoch sollte versucht werden die Förderung umweltfreundlicher zu gestalten. Hier liegen die zwei größten Probleme bei der Versorgung durch Energie zur Förderung und Aufbereitung der Öle und bei der Nutzung von Wasser und der Abwasserentsorgung.

Die Förderungs- und Aufbereitungsprozesse sind wie schon erwähnt sehr energieintensiv. Hier könnte das CHOPS-Verfahren helfen $CO_2$ Emissionen und den Energieeinsatz zu verringern. Beim CHOPS-Verfahren wird das Material unbearbeitet aus der Tiefe gefördert und erst oberirdisch behandelt. Dadurch entfällt die Wärmezufuhr zur Verringerung der Viskosität in der Tiefe. Momentan ist dieses Verfahren aber nur in bestimmten Sedimentbecken, wo die Teersande eine geringe Dichte aufweisen, möglich.

Der zweite Punkt ist die Verringerung des Einsatzes von Wasser. Dadurch würde dem Lebensraum (wie zum Beispiel dem Athabasca River) weniger Wasser entnommen, was den Wasserhaushalt schonen würde. Desweiteren muss versucht werden, die entstehenden Abwasser nicht in Absetzbecken zu lagern, da es so wieder in die Bodenschichten versickern kann und Lebewesen wie Fische vergiftet, welche wiederrum den Menschen schaden, da dieser Fisch als Nahrungsmittel konsumiert.

Eine Möglichkeit besteht, indem das Formationswasser nicht in die Absetzbecken geleitet, sonder direkt in das Bohrloch zurückgeführt wird [vgl. Feldt, H.]. Technisch ist dies auch möglich, jedoch finanziell sehr aufwendig und wird deshalb bisher nur sehr selten angewandt.


## 5. Fazit

Am Beispiel der Ölsande Albertas kann man erkennen, welche zukünftigen ökologischen Auswirkungen durch die Ölförderung für die entsprechenden Regionen entstehen. Diese ökologischen Auswirkungen treten nicht nur bei der Produktion von Teersand, sondern auch bei allen anderen in Kapitel 2 genannten Vorkommen. Die ökologische Belastung wird zunehmen, da Ressourcen welche bisher nicht genutzt wurden langfristig angetastet werden.

Dies stellt die Menschen vor Herausforderungen, da die Förder- und Extraktionsverfahren in großen Zügen verbessert werden müssen um die schädlichen Auswirkungen einzugrenzen.

Weiterhin ist zu Prüfen, wie viel Öl jährlich gefördert werden muss, da durch Förderungsbeschränkungen die Ölvorkommen geschont und die Belastungen minimiert werden könnten. Der ökologische Fußabdruck nimmt stetig zu, dadurch ist eine steigende Produktion von Öl notwendig um die Bedürfnisse der Menschen zu decken. Nur hier kann die Lösung des Problems angegangen werden.

## Literaturverzeichnis

Babies, H. G., & Rempel, H. (2009). Erdöl. In B. f. Ressourcen, *Energierohstoffe 2009 - Reserven, Ressourcen, Verfügbarkeit* (S. 31-69). Hannover: BGR.

Behrendt, F. e. (2006). *Direktverflüssigung von Biomasse – Reaktionsmechanismen und Produktverteilungen.* Berlin: TU Berlin - Institut für Energietechnik.

Bölke, P. (2006). Wie lange reichen die Ressourcen? In J. Petermann, *Sichere Energie im 21. Jahrhundert* (S. 63-73). Hamburg: Hoffmann und Campe.

Canadian National Energy Board. (2007). *Short-term Canadian Natural Gas Deliverability 2007 - 2009.*

Energy Recources Conversation Board. (2008). *Alberta's Energy Reserves 2007 and Supply/Demand Outlook 2008-2017.* ERCB.

Ewald Gläßer, H.-J. K. (Mai 1996). Erdöl- und Erdgasförederung aus den Schelfgebieten Norwegens. *Geographische Rundschau* , S. 311-317.

Feddern, J. (2011). *Erdöl Förderung im Nordost-Atlantik.* Hamburg: Greenpeace e.V.

Feldt, H. *Von Erdöl, Biodiversität und Menschen.* Klima-Bündnis Alianza Del Clima e.V.

fianzen.net GmbH. (28. Oktober 2012). *finanzen.net.* Abgerufen am 28. Oktober 2012 von fianzen.net: http://www.finanzen.net/rohstoffe/oelpreis

Fischer, L. (10. August 2009). *www.scilogs.de.* Abgerufen am 28. Oktober 2012 von www.scilogs.de: http://www.scilogs.de/wblogs/blog/fischblog/technik/2009-08-10/mit-kohleverfl-ssigung-weg-vom-erd-l

Greenpeace. (2012). *Out In The Cold - Investor Risk In Shell's Arctic Exploration.* London: Greenpeace.

Holroyd, P., & Simieritsch, T. (2009 ). *The Waters that bind us - Transboundary Implications of Oil Sands Development.* Drayton Valley, Alberta: The Pembina Institute.

Horsfield, B., di Primio, R., Schulz, & Hans-Martin. (2011). *Geo-Energie: Konventionelle und unkonventionelle fossile Ressourcen.* Potsdam: Deutsches GeoForschungsZentrum.

International Energy Agency. (2010). *World Energy Outlook 2010.* Paris: IEA Publications.

Le Monde diplomatique. (2010). *Atlas der Globalisierung.* Berlin: Le Monde diplomatique/taz Verlags- und Vertriebs GmbH.

Leitner, Mitterbauer, & Steyrl. (2003). *Erdölförderung - Auswirkung auf die Umwelt, Fallbeispiel Kanada.*

Maqsood. (2008). *Air Quality in Northern Saskatchewan.*

Piepjohn, K. (Dezember 2011). Vorkommen und Potentiale geologischer Ressourcen in der Arktis. *Geographische Rundschau* , S. 34-39.

Pieprzyk, B., Kortlüke, N., & Hilje, P. R. (2009). *Auswirkungen fossiler Kraftstoffe*. Bundesverband Erneuerbare Energie e.V.

Porath, S. (1999). *Erzeugung von Chemierohstoffen aus Kukersit durch Pyrolyse*.

Schindler, J., & Zittel, W. (2008). *Zukunft der weltweiten Erdölversorgung*. Berlin: Energy Watch Group.

Schneider, R., & Dyer, S. (2006). *Impacts of In Situ Oil Sands Development on Alberta's Boreal Forest*.

Times Books Group Ltd. (2011). *The Times Comprehensive Atlas of the World*. London: Times Newspaper Ltd.

Timoney, K. P. (2007). *A Study Of Water And Sediment Quality As Related To Public Health Issues, Fort Chipewyan, Alberta*. Sherwood Park, Alberta: Nunee Health Board Society.

Tobler, P. (2006/2007). *Die Wirtschaftliche Bedeutung der Ölsande in Kanada*. Baumgarten.

von Lieven, C. (2010). *Ölsandabbau in Kanada: dramatische ökologische und klimatische Auswirkungen*. Hamburg: Greenpeace e.V.

Wells, J. (2008). *Danger in the Nursery. Impact on Birds of Tar Sands Oil Development in Canada´s Boreal Forest*. NRDC (Natural Resources Defense Council).

Wilderness Committee. (2008). *Canada's Tar Sands-What The Government Doesn't Want You To Know*.

World Energy Council. (2007). *Survey of Energy Resources*.

Yergin, D. (1991). *Der Preis - Die Jagd nach Öl, Geld und Macht*. S. Fischer.